666件可写的事

浪漫恋爱创意手账

知书 / 编

民主与建设出版社
·北京·

© 民主与建设出版社，2024

图书在版编目（CIP）数据

666件可写的事：浪漫恋爱创意手账 / 知书编.
北京：民主与建设出版社，2024.9. -- ISBN 978-7
-5139-4751-0

Ⅰ. TS951.5

中国国家版本馆CIP数据核字第2024LD4556号

666件可写的事：浪漫恋爱创意手账
666 JIAN KE XIE DE SHI LANGMAN LIAN'AI CHUANGYI SHOUZHANG

编　　者	知　书
责任编辑	宁莲佳
特约策划	向春婷
封面设计	肖国旺
出版发行	民主与建设出版社有限责任公司
电　　话	（010）59417749　59419778
社　　址	北京市朝阳区宏泰东街远洋万和南区伍号公馆4层
邮　　编	100102
印　　刷	天津中印联印务有限公司
版　　次	2024年9月第1版
印　　次	2024年9月第1次印刷
开　　本	700毫米×995毫米　1/16
印　　张	15
字　　数	40千字
书　　号	ISBN 978-7-5139-4751-0
定　　价	49.80元

注：如有印、装质量问题，请与出版社联系。

前　言

从情窦初开到美好恋爱，若能将彼此的爱意一一记录，是一件十分美好的事情。

这是一本独属于你和心中的 TA 的恋爱手账，666 件可写的恋爱的事，每一件事都在倾诉着彼此之间的心意，诉说着彼此相伴的意义。

在这本恋爱手账里，有 666 个精心准备的事件在等着你去记录，有 666 种心情等着你去书写。

你可以试着将心里那个特别的 TA 记录下来，也可以拉着 TA 一起，将你们彼此心中所想、恋爱中经历的点点滴滴以及对未来的期许全都写下。让那个明媚的、可爱的、忧伤的、温柔的 TA 在字里行间更加具象，让相遇的奇迹再次绽放在书里，让你们的恋爱更加甜蜜而美好，让相爱的奇迹开成一朵永恒的花。

当你翻开本书，看到 666 个可写的事时，你可以想象对方的样子，想象对方为你做那件事的情景，然后将你所期待的未来书写下来，与心中的 TA 一起去完成。每一个可写的恋爱之事，都会让你们的恋爱有迹可循，让你更加了解心中的 TA，以及这段恋爱中的你。

所以，这是一封漫长的告白信，与对方有关的666件事，便是彼此恋爱的最佳见证者。

这些问题记录着你们的过往，以及将来会实现的事。在写的过程中，你可以剖析自己的内心，将真实的想法记录下来，也许写着写着你会发现其实彼此都不是完美的，但正是这种不完美才让你们彼此磨合，让你们的牵绊变得更深。

666件可写的事，就是666次恋爱中的第一次，这许多新奇的冒险，这许多只有彼此才知道的秘密，是彼此对未来的憧憬，更是一趟了解对方的绝佳旅程。

也许记忆会模糊，时间会流逝，彼此会老去，但你对TA的爱意会穿过时间，跨过世间所有，永不消减。现在，请你翻开这本书，把独属于彼此的记忆藏在书里，把爱意说给未来的你们听。

最后，希望每一位读者都能够在恋爱中找到良人，希望你们每一次的记录都美好而甜蜜。

1 写下对 TA 的昵称。

2 写下第一次遇见 TA 的情景。

3 写下对 TA 的第一印象。

4 写下第一次对 TA 表白的话。

5 写下和 TA 在一起的时间。

----

6 写下和 TA 在一起时的官宣文案。

----

7 写下 TA 现在的职业。

----

8 写下 TA 理想中的职业。

....

....

....

....

....

....

....

9 写下 TA 毕业时的专业。

....

....

....

....

....

....

....

10 写下 TA 的家庭成员构成。

11 描述一下和 TA 的相处模式。

12 描述一下 TA 和父母的相处模式。

13 描述一下 TA 和朋友的相处模式。

14 描述一下 TA 和亲戚的相处模式。

----

15 描述一下 TA 的身材。

----

16 写下 TA 现在最想实现的梦想。

----

17 贴一张和 TA 一起看过的电影票。

18 涂一个 TA 最喜欢的颜色。

19 画一朵 TA 最喜欢的花。

20 写下 TA 的生日和星座。

21 写下 TA 生日时你送的祝福。

22 写下最近一次送 TA 的礼物。

23 贴一张写给 TA 的纸条。

24 写下和 TA 一起养护的植物。

25 写下 TA 最爱听的歌。

26 写下 TA 最爱看的综艺。

27 写下 TA 最爱看的电视剧。

28 写下 TA 最爱看的动画片。

29 画一个 TA 最喜欢的玩偶。

30 写下 TA 的幸运数字。

----

31 画一个 TA 最喜欢的水果。

32 画一个 TA 最不喜欢的水果。

33 写下 TA 最喜欢的卡通人物。

34 写下 TA 最喜欢的书。

35 写下 TA 最喜欢的诗人。

36 写下 TA 最喜欢的一首诗。

37 写下 TA 最喜欢的作家。

38 写下 TA 最喜欢的一部文学作品。

39 写下 TA 最喜欢的画家。

40 写下 TA 最喜欢的名画。

41 写下 TA 最喜欢的歌手。

42 写下 TA 最喜欢的演员。

----

43 写下 TA 最喜欢的编剧。

----

44 写下 TA 最喜欢的导演。

----

45 写下 TA 最喜欢的电影。

46 写下 TA 最喜欢的纪录片。

47 写下 TA 最喜欢的甜品。

48 写下 TA 最喜欢的建筑。

49 写下和 TA 一起做过的最疯狂的事。

50 写下和 TA 一起做过的最傻的事。

....
....
....
....
....
....
....

51 写下和 TA 一起做过的最尴尬的事。

....
....
....
....
....
....
....

52 写下和 TA 一起做过的最好玩的事。

53 写下和 TA 一起做过的最有意义的事。

54 写下和 TA 一起做过的最感动的事。

55 写下 TA 身上的味道。

56 画一个对TA意义深刻的图案。

57 画一个TA最喜欢吃的蔬菜。

58 画一个 TA 最不喜欢吃的蔬菜。

59 写下 TA 的忌口。

60 写下 TA 难过时你想做的事。

61 写下你难过时最想让 TA 做的事。

62 写一封送 TA 的情书。

63 写下 TA 最让你忍受不了的事。

----

64 写下 TA 为你做过的最暖心的事。

----

65 写下你为 TA 做过的最暖心的事。

----

66 写下和 TA 一起做过的手工。

67 写下 TA 最喜欢的季节。

68 写下 TA 最喜欢的天气。

69 写下 TA 睡着的样子。

70 写下TA崩溃的样子。

----

71 写下TA悲伤的样子。

----

72 写下TA开心的样子。

----

73 写下 TA 生气的样子。

74 写下 TA 焦虑的样子。

75 写下 TA 感动的样子。

76 写下 TA 无精打采的样子。

77 写下 TA 喝醉的样子。

78 写下 TA 睡觉时的习惯。

79 写下 TA 看书时的习惯。

80 写下 TA 打游戏时的习惯。

81 写下 TA 洗漱时的习惯。

82 写下 TA 吃面时的习惯。

---

83 写下 TA 紧张时的习惯。

---

84 写下 TA 无聊时爱做的事。

85 贴一张和 TA 的第一张合照。

86 写下和 TA 第一次去海边的情景。

87 写下 TA 生病时你为 TA 做的事。

88 写下你生病时 TA 为你做的事。

89 写下和 TA 第一次去露营的情景。

90 写下和 TA 第一次去游乐园的情景。

91 写下和 TA 第一次去漂流的情景。

92 写下和 TA 第一次吵架的情景。

93 写下第一次去 TA 家乡的情景。

94 写下和 TA 一起淋雨的情景。

------

95 写下 TA 为你做过的最浪漫的事。

------

96 写下你为 TA 做过的最浪漫的事。

------

97 写下 TA 身上痣的位置。

98 写下 TA 最喜欢吃的早餐。

99 画一个 TA 常给你带的早餐。

100 写下 TA 最喜欢喝的饮料。

101 画一个 TA 最喜欢吃的零食。

102 写下 TA 好朋友的名字。

103 贴一张 TA 的童年照。

104 写下 TA 最爱玩的游戏。

----

105 写下 TA 最可爱的时候。

----

106 写下 TA 最可恶的时候。

----

107 写下想对 TA 说的秘密。

108 写下和 TA 在一起后 TA 的变化。

109 贴一张和 TA 的旅行照。

110 写下 TA 最拿手的一道菜。

111 画一个和 TA 的情侣物品。

112 写下和 TA 约定好的一件事。

113 写下 TA 心情不好时爱做的事。

114 写下 TA 害怕的事情。

----

115 写下 TA 害怕的动物。

----

116 画一个觉得像 TA 的动物。

117 画一个觉得像 TA 的植物。

118 画一个觉得像 TA 的图案。

119 写下 TA 迟到最久的一次的原因。

120 写下 TA 最喜欢的体育运动。

121 贴一张你为 TA 拍的照片。

122 写下和 TA 第一次牵手的情景。

----

123 写下和 TA 第一次拥抱的情景。

----

124 写下和 TA 第一次亲吻的情景。

----

125 写下此刻想送给 TA 的一句话。

126 写下睡前对 TA 说的话。

127 写下为 TA 编的睡前故事。

128 写下和 TA 逛夜市的情景。

129 写下和 TA 在图书馆会做的事。

___

130 写下和 TA 在一起后学会的新技能。

131 写下最近一次你为 TA 庆祝的事。

132 写下赞美 TA 的一句话。

133 画一个送给 TA 的帽子。

134 写下和 TA 一起看日出的情景。

135 写下和 TA 一起看日落的情景。

136 写下和 TA 一起看蓝天的情景。

137 写下第一次将 TA 介绍给朋友的情景。

138 写下第一次见 TA 父母的情景。

139 写下第一次带 TA 见父母的情景。

140 写下和 TA 一起跨年的情景。

141 写下和 TA 一起看雪的情景。

---

142 写下和 TA 一起滑雪的情景。

---

143 写下和 TA 一起坐热气球的情景。

144 写下和 TA 一起徒步登山的情景。

145 写下和 TA 一起听演唱会的情景。

146 写下和 TA 一起听音乐剧的情景。

147 写下和 TA 一起听脱口秀的情景。

148 写下和 TA 一起去音乐节的情景。

---

149 写下和 TA 一起听 live house 的情景。

---

150 写下和 TA 一起看烟花的情景。

---

151 写下和 TA 一起看球赛的情景。

152 写下和 TA 一起坐摩天轮的情景。

153 写下和 TA 一起坐过山车的情景。

154 写下和 TA 一起坐公交的情景。

155 写下和 TA 一起坐地铁的情景。

----

156 写下和 TA 一起坐火车的情景。

----

157 写下和 TA 一起坐高铁的情景。

----

158 写下和 TA 一起坐飞机的情景。

159 写下和 TA 一起自驾游的情景。

160 写下和 TA 一起泡温泉的情景。

161 写下和 TA 一起游泳的情景。

162 写下和 TA 一起烘焙的情景。

163 写下和 TA 一起冥想的情景。

164 写下和 TA 一起打扑克的情景。

165 写下和 TA 一起打麻将的情景。

166 写下和 TA 一起玩桌游的情景。

167 写下和 TA 一起刮彩票的情景。

168 写下和 TA 一起放风筝的情景。

169 写下和 TA 一起放孔明灯的情景。

170 写下和 TA 一起放烟花的情景。

171 写下和 TA 一起逛街的情景。

172 写下和 TA 一起逛菜市场的情景。

173 写下和 TA 一起逛水果店的情景。

174 写下和 TA 一起逛花市的情景。

175 写下和 TA 一起做情侣瑜伽的情景。

176 写下和 TA 一起玩卡丁车的情景。

177 写下和 TA 一起去酒吧的情景。

178 写下和 TA 一起去鬼屋的情景。

179 写下和 TA 一起去电玩城的情景。

180 写下和 TA 一起去博物馆的情景。

181 写下和 TA 一起去美术馆的情景。

182 写下和 TA 一起去动物园的情景。

183 写下和 TA 一起去植物园的情景。

184 写下和 TA 一起去海洋馆的情景。

185 写下和 TA 一起去水上乐园的情景。

186 写下和 TA 一起去迪士尼的情景。

187 写下和 TA 一起去寺庙的情景。

188 写下和 TA 一起骑马的情景。

189 写下和 TA 一起去汗蒸的情景。

190 写下和 TA 一起去按摩的情景。

191 写下和 TA 一起采耳的情景。

192 写下和 TA 一起去电影院的情景。

193 写下和 TA 一起去摘水果的情景。

194 写下和 TA 一起去攀岩的情景。

195 写下和 TA 一起去咖啡厅的情景。

196 写下和 TA 一起打保龄球的情景。

197 写下和 TA 一起打篮球的情景。

198 写下和 TA 一起打羽毛球的情景。

199 写下和 TA 一起打网球的情景。

200 写下和 TA 一起打乒乓球的情景。

201 写下和 TA 一起打台球的情景。

202 写下和 TA 一起射击的情景。

---

203 写下和 TA 一起划船的情景。

---

204 写下和 TA 一起吃火锅的情景。

---

205 写下和 TA 一起骑自行车的情景。

206 写下和 TA 一起玩拼图的情景。

207 写下和 TA 一起玩剧本杀的情景。

208 写下和 TA 一起做志愿者的情景。

209 写下和 TA 一起钓鱼的情景。

210 写下和 TA 一起跳舞的情景。

211 写下和 TA 一起熬夜的情景。

212 写下和 TA 一起发呆的情景。

213 写下和 TA 一起奔跑的情景。

214 写下和 TA 一起爬长城的情景。

215 写下和 TA 一起敷面膜的情景。

216 写下和 TA 一起抓娃娃的情景。

217 写下和 TA 一起下棋的情景。

218 写下和 TA 一起参加婚礼的情景。

219 写下和 TA 一起吃夜宵的情景。

220 写下和 TA 一起散步的情景。

221 写下和 TA 一起跑步的情景。

222 写下和 TA 一起打扫房间的情景。

223 写下和 TA 一起吃自助餐的情景。

224 写下和 TA 一起吃韩国料理的情景。

225 写下和 TA 一起吃西餐的情景。

226 写下和 TA 一起吃烧烤的情景。

227 写下和 TA 一起吃日本料理的情景。

228 写下和 TA 一起喝酒的情景。

229 写下和 TA 一起染头发的情景。

230 写下和 TA 一起看樱花的情景。

231 写下和 TA 一起潜水的情景。

------

232 写下和 TA 一起蹦极的情景。

------

233 写下和 TA 一起溜冰的情景。

------

234 写下和 TA 一起做美甲的情景。

235 写下给 TA 化妆的情景。

236 写下 TA 最喜欢做的家务。

___

___

___

___

___

___

___

237 写下 TA 最不喜欢做的家务。

___

___

___

___

___

___

___

238. 画一个和 TA 逛超市时必买的物品。

239. 写下你送 TA 的情人节礼物。

240. 写下 TA 送你的情人节礼物。

241 画一个 TA 最喜欢的发型。

242 涂一个 TA 最喜欢的发色。

243 涂一个 TA 常穿的颜色。

244 贴一张 TA 买单的小票。

245 画一个 TA 会的乐器。

246 画一个送 TA 的手链。

247 写下带 TA 去过的最浪漫的地方。

248 写下 TA 的口头禅。

249 画一个 TA 常用的杯子。

250 画一个 TA 常用的背包。

251 画一把 TA 常用的伞。

252 画一个 TA 常用的手机壳。

253 画一个 TA 常戴的手表。

254 画一个 TA 常做的表情。

255 写下 TA 最近做的梦。

....
....
....
....
....
....
....
....

256 涂一个 TA 的背影。

257 画一片和 TA 看过的星空。

258 画一道和 TA 一起做的美食。

259 写下 TA 说过的印象最深的一句话。

260 画下 TA 的眼睛。

261 写下 TA 的社交账号名称。

262 写下 TA 在游戏中的名字。

263 写下 TA 出生的省份。

264 写下 TA 毕业的学校。

265 写下暧昧期 TA 为你吃醋的一件事。

266 写一个你希望 TA 改掉的小毛病。

267 写一个 TA 希望你改掉的小毛病。

268 贴一张 TA 为你拍的照片。

269 画下 TA 的鼻子。

270 画下 TA 的嘴巴。

271 画下 TA 的手。

272 写下和 TA 的纪念日。

273 写下你经常鼓励 TA 的话。

274 写下 TA 最近一次向你倾诉的烦恼。

275 写下你最近一次向 TA 倾诉的烦恼。

276 写下最近一次和 TA 深度讨论的问题。

----

277 写下最近一次和 TA 一起唱歌的情景。

----

278 写下最近一次和 TA 一起哭泣的情景。

----

279 写下最近一次和 TA 一起大笑的情景。

280 写下最近一次和 TA 一起难过的情景。

281 写下和 TA 一起听过的笑话。

282 涂一个和 TA 一起研究过的口红色号。

283 写下 TA 为你唱过的一首歌。

----

284 写下你为 TA 唱过的一首歌。

----

285 画一个 TA 为你做的生日礼物。

286 画一个你为 TA 做的生日礼物。

287 写下暧昧期你为 TA 做过的一件秘密的事。

288 写下暧昧期 TA 为你做过的一件秘密的事。

289 写下暧昧期你为 TA 吃醋的一件事。

290 贴一张 TA 的毕业照。

291 描述一下TA的上进心体现的地方。

292 写下你为TA吹头发的情景。

293 写下TA为你吹头发的情景。

294 写下和 TA 最近的规划。

_____

_____

_____

_____

_____

_____

_____

_____

295 贴一张和 TA 去过的古城照片。

296 写下 TA 想生活的城市。

297 描述一下你对 TA 心动的时刻。

298 描述一下让 TA 惊讶的事。

299 为 TA 设计一枚戒指。

300 为 TA 设计一条项链。

301 为 TA 设计一条手链。

302 为 TA 设计一副眼镜。

303 为 TA 设计一顶冬天戴的帽子。

304 为 TA 设计一条冬天围的围巾。

305 为 TA 设计一双冬天戴的手套。

306 为你们设计一对情侣头像。

307 为 TA 设计一盆解压盆栽。

308 为 TA 设计一件衣服。

309 为 TA 设计一双鞋。

310 为 TA 设计一栋房子。

311 为 TA 设计一束花。

312 为 TA 设计一个手机壳。

313 画下和 TA 一起养的猫。

314 画下和 TA 一起养的狗。

315 画下和 TA 一起养的仓鼠。

316 画下和 TA 一起养的鱼。

317 画下和 TA 一起养的其他宠物。

318 画下 TA 直发的样子。

319 画下 TA 卷发的样子。

320 写下和 TA 一起从书里看到的句子。

321 写下和 TA 过劳动节时会做的事。

322 写下和 TA 的愿望清单。

323 写下和 TA 过元旦节时会做的事。

324 写下和 TA 过元宵节时会做的事。

325 写下和 TA 过端午节时会做的事。

326 贴一幅和 TA 一起画的画。

327 写下和 TA 过中秋节时会做的事。

328 写下和 TA 过国庆节时会做的事。

329 写下和 TA 过圣诞节时会做的事。

----

330 写下 TA 10 岁时想对 TA 说的话。

----

331 写下 TA 18 岁时想对 TA 说的话。

----

332 写下 TA 25 岁时想对 TA 说的话。

333 写下 TA 30 岁时想对 TA 说的话。

334 写下 TA 40 岁时想对 TA 说的话。

335 写下 TA 50 岁时想对 TA 说的话。

336 贴一张和 TA 穿少数民族服饰拍的照片。

337 写下 TA 对婚姻的看法。

338 写下 TA 会说的外语或方言。

339 描述一下 TA 喜欢的口味。

340 描述一下 TA 的脾气。

341 描述一下 TA 的性格。

_____
_____
_____
_____
_____
_____
_____
_____

342 描述一下 TA 的内在。

_____
_____
_____
_____
_____
_____
_____
_____

343 描述一下 TA 的消费观。

344 描述一下 TA 的价值观。

345 描述一下 TA 的人生观。

346 描述一下 TA 的爱情观。

347 描述一下 TA 的理想型。

----

348 描述一下 TA 的审美。

----

349 描述一下 TA 的穿衣风格。

----

350 描述一下喜欢上 TA 的原因。

351 描述一下 TA 喜欢上你的原因。

352 贴一张和 TA 一起搞怪的照片。

353 描述一下你最接受不了的 TA 的行为。

354 描述一下 TA 最接受不了的你的行为。

355 描述一下和 TA 一起做的公益活动。

356 描述一下你对 TA 最有占有欲的时刻。

357 描述一下 TA 对你最有占有欲的时刻。

358 描述一下 TA 会放弃的事。

359 描述一下 TA 会坚持的事。

360 描述一下 TA 讨厌的事。

361 描述一下 TA 喜欢的事。

362 描述一下让 TA 为难的事。

363 描述一下让 TA 纠结的事。

364 描述一下让 TA 生气的事。

365 描述一下让 TA 开心的事。

366 描述一下让 TA 抓狂的事。

367 描述一下让 TA 认真的事。

368 描述一下让 TA 分神的事。

369 贴一张和 TA 一起跨年的照片。

370 描述一下让 TA 激动的事。

371 描述一下让 TA 不耐烦的事。

372 描述一下当 TA 做事拖延时你会怎么做。

373 描述一下当你做事拖延时 TA 会怎么做。

374 描述一下当 TA 赖床时你会怎么做。

375 描述一下当你赖床时 TA 会怎么做。

376 描述一下当 TA 撒娇时你会怎么做。

377 描述一下当你撒娇时 TA 会怎么做。

378 描述一下当 TA 耍赖时你会怎么做。

379 描述一下当你耍赖时 TA 会怎么做。

380 描述一下当 TA 迟到时你会怎么做。

381 描述一下当你迟到时 TA 会怎么做。

382 描述一下当 TA 得意时你会怎么做。

383 描述一下当你得意时 TA 会怎么做。

384 描述一下当 TA 做噩梦时你会怎么做。

385 描述一下当你做噩梦时 TA 会怎么做。

------

386 描述一下当 TA 无助时你会怎么做。

------

387 描述一下当你无助时 TA 会怎么做。

------

388 描述一下和 TA 离别时你会怎么做。

389 描述一下和 TA 久别见面时你会怎么做。

390 描述一下和你久别见面时 TA 会怎么做。

391 描述一下 TA 迷路时你会怎么做。

392 贴一张和 TA 一起出行的机票。

393 描述一下 TA 生气时你会怎么做。

394 描述一下你生气时 TA 会怎么做。

395 描述一下 TA 小时候的糗事。

396 描述一下 TA 小时候的样子。

_____
_____
_____
_____
_____
_____
_____

397 描述一下 TA 对你微笑时的样子。

_____
_____
_____
_____
_____
_____
_____

398 描述一下 TA 严肃的样子。

399 描述一下 TA 情绪激动的样子。

400 描述一下 TA 被人误解会怎么做。

401 描述一下 TA 是否是个善于表达的人。

402 描述一下 TA 工作或学习的样子。

403 描述一下对 TA 来说最重要的东西。

404 描述一下和 TA 最默契的事。

405 描述一下和 TA 毫无默契的事。

406 描述一下 TA 想念你时会做的事。

407 描述一下你想念 TA 时会做的事。

408 描述一下你觉得 TA 矛盾的地方。

409 描述一下 TA 觉得你矛盾的地方。

410 描述一下 TA 拍照时常做的姿势。

411 描述一下 TA 犯困时常做的表情。

412 描述一下 TA 出门前必做的事。

413 描述一下 TA 早起必做的事。

414 描述一下捏 TA 脸的手感。

415 描述一下亲吻 TA 的感觉。

416 描述一下拥抱TA的感觉。

417 描述一下挠TA痒时TA会怎么做。

418 描述一下你对TA的信任程度。

419 描述一下你对 TA 的感情。

420 描述一下 TA 不为人知的一面。

421 描述一下 TA 在外人眼中的形象。

422 描述一下 TA 的人生排序。

423 描述一下 TA 的情商。

424 描述一下 TA 对过去的看法。

425 描述一下 TA 是理性的人还是感性的人。

426 描述一下 TA 是主动的人还是被动的人。

427 描述一下当 TA 没有安全感时你会怎么做。

428 描述一下当你没有安全感时 TA 会怎么做。

429 描述一下 TA 怕冷还是怕热。

430 描述一下 TA 常常会为什么事做准备。

431 描述一下 TA 像哪个演员。

432 描述一下 TA 做的最夸张的事。

433 描述一下 TA 下意识会做的动作。

434 描述一下 TA 拒绝别人时会怎么做。

435 描述一下想和 TA 交换的能力是什么。

436 描述一下当 TA 朋友知道你们在一起时的情景。

437 描述一下 TA 爱幻想的事。

438 描述一下被 TA 照顾的时刻。

439 描述一下梦里梦到 TA 的情景。

440 描述一下 TA 对流浪狗的态度。

441 描述一下 TA 和别人起冲突时的情景。

442 描述一下 TA 的书桌。

443 描述一下 TA 的力气。

444 描述一下 TA 吵架时会做的事。

445 描述一下 TA 一个眼神你就懂的事。

446 描述一下你习惯走在 TA 的哪一侧。

447 描述一下 TA 如何看待异地恋。

448 描述一下 TA 应对突发状况的能力。

449 描述一下 TA 解决问题的能力。

450 描述一下 TA 的共情能力。

451 描述一下 TA 的性格是否果断。

452 描述一下 TA 的自信心来自哪里。

453 描述一下 TA 做事的原则。

454 贴一张 TA 相册里的第一张照片。

455 描述一下 TA 对个人空间的理解。

456 描述一下 TA 是不是个善于倾听的人。

457 描述一下 TA 对恋爱中沟通的看法。

458 描述一下你爱 TA 多一点还是 TA 爱你多一点。

459 描述一下 TA 对一见钟情的看法。

460 描述一下 TA 对责任感的看法。

461 描述一下 TA 对冷暴力的看法。

462 描述一下 TA 对爱情里新鲜感的看法。

463 描述一下 TA 对幸福家庭的期许。

464 描述一下 TA 的手机屏保。

465 描述一下 TA 对父母婚姻的看法。

466 贴一张和 TA 拍的情侣写真。

467 描述一下 TA 偶尔冒出来的创意。

....
....
....
....
....
....
....

468 描述一下 TA 在玩狼人杀时的发言方式。

....
....
....
....
....
....
....

469 描述一下你做错事时 TA 的说话方式。

470 描述一下 TA 做错事时你的说话方式。

471 描述一下 TA 喜欢的房子装修风格。

472 描述一下 TA 怎么平衡工作和生活。

473 描述一下 TA 可能会分手的原因。

474 描述一下 TA 怎么看待职场潜规则。

475 描述一下 TA 怎么看待催婚的问题。

476 描述一下 TA 觉得当前的关系中缺少的情感。

477 画一个 TA 经常弄丢的东西。

478 画一棵和 TA 一起见过的大树。

479 画一本送 TA 的书。

480 画一支送 TA 的笔。

481 画一个送 TA 的钱包。

482 画一串和 TA 一起吃过的冰糖葫芦。

483 画一个和 TA 一起吃过的棉花糖。

484 画一个和 TA 一起吃过的冰激凌。

485 画一杯和 TA 一起喝过的奶茶。

486 画一条和 TA 一起走过的街。

487 画一轮和 TA 一起看过的月亮。

488 想象一下和 TA 拍婚纱照的情景。

489 想象一下和 TA 的婚礼。

490 想象一下和 TA 的家。

491 想象一下和 TA 婚后走亲戚的情景。

492 想象一下和 TA 婚后一起刷碗的情景。

493 想象一下和 TA 婚后一起晾衣服的情景。

494 想象一下和 TA 婚后怎么管理财产。

495 想象一下和 TA 的宝宝。

496 想象一下和 TA 的"银婚"。

497 想象一下和TA的"金婚"。

---

498 想象一下你失去TA时的情景。

---

499 想象一下TA失去你时的情景。

500 想象一下如果和 TA 不合适你会怎么做。

501 想象一下和 TA 流落荒岛的情景。

502 想象一下和 TA 在人海中相拥的情景。

503 想象一下和 TA 一起上班的情景。

504 想象一下如果没有遇见 TA 你会在做什么。

505 想象一下生命只剩最后一天你会和 TA 做什么。

506 想象一下和 TA 的感情变淡了你会怎么做。

507 想象一下 TA 变成星星你会怎么做。

508 想象一下如果给 TA 颁奖你会颁什么奖。

509 想象一下 TA 进到一间满是猫的房间会怎么样。

510 想象一下 TA 进到一间满是狗的房间会怎么样。

511 写下 TA 不好意思做的事。

512 写下 TA 曾说过的谎话。

513 写下 TA 曾说过的誓言。

514 写下 TA 擅长的事。

515 写下 TA 不擅长的事。

516 写下 TA 最不能容忍的事。

517 写下 TA 常常夸奖别人的话。

518 写下 TA 去 KTV 必唱的歌。

519 写下 TA 觉得你最幽默的时候。

---

520 写下你觉得 TA 最幽默的时候。

---

521 写下和 TA 最糟糕的一次对话。

522 写下一个 TA 的优点。

523 写下一个 TA 的缺点。

524 写下一个 TA 爱吃但你不爱吃的食物。

525 写下一个你爱吃但 TA 不爱吃的食物。

526 写下 TA 最近一次倒霉的事。

527 写下 TA 最近一次幸运的事。

528 写下最近一次你推荐给 TA 的书。

529 写下最近一次 TA 推荐给你的书。

530 写下最近一次你推荐给 TA 的电影。

531 写下最近一次 TA 推荐给你的电影。

532 写下 TA 说过的梦话。

533 写下一个陪伴了 TA 很久的物件。

534 写下一件让 TA 后悔的事。

535 写下一件让 TA 遗憾的事。

536 写下一件让 TA 庆幸的事。

537 写下一件让 TA 敬佩的事。

538 写下一件让 TA 成长的事。

539 写下一件让 TA 迷茫的事。

540 写下一件让 TA 重塑三观的事。

541 写下一件让 TA 自愧不如的事。

542 写下你和 TA 最相似的地方。

543 写下你和 TA 最不相似的地方。

544 写下 TA 经常爱唠叨的一件事。

545 写下 TA 经常忘记的一件事。

546 写下最打击 TA 的一件事。

547 写下最让 TA 怀念的人。

548 写下 TA 最想拥有的超能力。

_____
_____
_____
_____
_____
_____
_____

549 写下 TA 旅行时带给你的纪念品。

_____
_____
_____
_____
_____
_____
_____

550 写下你旅行时带给 TA 的纪念品。

551 写下 TA 最感兴趣的学科。

552 写下 TA 最不感兴趣的学科。

553 写下 TA 最羡慕的专业。

554 写下 TA 最想删除的一段记忆。

555 写下 TA 最想重复的一段记忆。

556 写下 TA 闯过的最大的祸。

557 写下 TA 学生时代暗恋过的人。

558 写下 TA 说服你去做的事。

559 写下你和 TA 的暗号。

560 写下和 TA 不能说的秘密。

561 写下你送 TA 的最浪漫的礼物。

562 写下 TA 送你的最浪漫的礼物。

563 写下你送 TA 的最意想不到的礼物。

564 写下 TA 送你的最意想不到的礼物。

565 写下你送 TA 的最实用的礼物。

566 写下 TA 送你的最实用的礼物。

567 写下 TA 最不屑去做的事。

568 写下 TA 安慰你时会说的话。

---

569 写下你安慰 TA 时会说的话。

---

570 写下你和 TA 一样的习惯。

---

571 写下你和 TA 不一样的习惯。

572 写下 TA 常用的手机应用软件。

573 写下 TA 喜欢的一类人的品质。

574 描述一下你迷路时 TA 会怎么做。

575 用 TA 喜欢的颜色画一个星球。

576 用 TA 头发的颜色画一把扇子。

577 用 TA 指甲的颜色画一个杯子。

578 用 TA 嘴唇的颜色画一顶帽子。

579 描述一下 TA 对无理取闹的定义。

580 写下 TA 一直想做但没做的事。

581 写下 TA 手机里第一个联系人的姓名以及这个人的故事。

----

582 写下 TA 遇到困难时第一个求救的人。

----

583 写下 TA 童年常玩的游戏。

----

584 写下 TA 最爱的家乡小吃。

585 写下 TA 最喜欢吃的一道菜。

586 写下 TA 会大把花钱的地方。

587 写下 TA 会省钱的地方。

588 写下 TA 最近一次送朋友的礼物。

589 写下 TA 最不希望你改变的事。

590 写下你最不希望 TA 改变的事。

591 写下 TA 在你面前最丢脸的事。

592 写下你在 TA 面前最丢脸的事。

593 写下 TA 最喜欢的电子产品。

594 写下 TA 童年中不好的记忆。

595 写下 TA 童年时最想实现的梦想。

596 写下 TA 对你默默付出的事。

597 写下你对 TA 默默付出的事。

598 写下你对 TA 的期许。

599 写下 TA 对你的期许。

600 写下 TA 宅家时会做的事。

601 写下 TA 对未来的看法。

602 写下 TA 对爱情最看重的部分。

603 写下 TA 对仪式感的重视程度。

604 写下 TA 对待异性的态度。

605 写下 TA 爱收集的东西。

606 写下 TA 的小癖好。

607 写下 TA 疏解压力的方式。

608 写下 TA 最近一次去医院是因为什么事。

609 写下 TA 喜欢看的小说的类型。

610 写下 TA 明天要做的事。

611 写下 TA 最近一次家庭活动。

612 写下 TA 理想的结婚年龄。

613 写下吵架时 TA 觉得你说的最伤人的话。

614 写下吵架时你觉得 TA 说的最伤人的话。

615 写下 TA 的手机输入法并以此编一个故事。

616 写下和 TA 一起去天安门的情景。

617 写下和 TA 一起去"东方明珠"广播电视塔的情景。

618 写下和 TA 一起去洪崖洞的情景。

619 写下和 TA 一起去九寨沟的情景。

620 写下和 TA 一起去天津之眼的情景。

621 写下和 TA 一起去大兴安岭的情景。

622 写下和 TA 一起去沈阳故宫的情景。

623 写下和 TA 一起去长白山的情景。

624 写下和 TA 一起去北戴河的情景。

625 写下和 TA 一起去五台山的情景。

626 写下和 TA 一起去泰山的情景。

627 写下和 TA 一起去神农架的情景。

628 写下和 TA 一起去橘子洲的情景。

629 写下和 TA 一起去千户苗寨的情景。

----

630 写下和 TA 一起去北海的情景。

----

631 写下和 TA 一起去广州塔的情景。

----

632 写下和 TA 一起去洱海的情景。

633 写下和 TA 一起去可可西里的情景。

634 写下和 TA 一起去布达拉宫的情景。

635 写下和 TA 一起去阿勒泰的情景。

636 写下和 TA 一起去莫高窟的情景。

----

637 写下和 TA 一起去青铜峡黄河大峡谷的情景。

----

638 写下和 TA 一起去呼伦贝尔的情景。

----

639 写下和 TA 一起去平遥古城的情景。

640 写下和 TA 一起去秦始皇兵马俑博物馆的情景。

641 写下和 TA 一起去黄山的情景。

642 写下和 TA 一起去庐山的情景。

643 写下和 TA 一起去周庄古镇的情景。

644 写下和 TA 一起去千岛湖的情景。

645 写下和 TA 一起去鼓浪屿的情景。

646 写下和 TA 一起去蜈支洲岛的情景。

647 写下和 TA 一起去日月潭的情景。

------

648 写下和 TA 一起去维多利亚港的情景。

------

649 写下和 TA 一起去大三巴的情景。

------

650 写下和 TA 一起去普吉岛的情景。

651 写下和 TA 一起去马尔代夫的情景。

652 写下和 TA 一起去济州岛的情景。

653 写下和 TA 一起去富士山的情景。

654 写下和 TA 一起去夏威夷的情景。

655 写下和 TA 一起去爱丁堡城堡的情景。

656 写下和 TA 一起去罗浮宫的情景。

657 写下和 TA 一起去新天鹅堡的情景。

658 写下和 TA 一起去圣瓦西里大教堂的情景。

659 写下和 TA 一起去奥斯陆的情景。

660 写下和 TA 一起去圣诞老人村的情景。

661 写下和 TA 一起去斯科加瀑布的情景。

662 写下和 TA 一起去苏黎世的情景。

663 写下和 TA 一起去吉萨金字塔的情景。

664 写下和 TA 一起去圣索菲亚大教堂的情景。

----

665 写下和 TA 一起去悉尼歌剧院的情景。

----

666 写下和 TA 一起去鱼尾狮公园的情景。
